養老孟司先生と猫の営業部長

うちのまる

ソニー・マガジンズ

私はマルの「餌出し器」

養老孟司

私はむろん猫好きだが、総じて哺乳《ほにゅう》類はどれも好き、嫌いなのは、人間の一部くらいである。

そのせいか、わが家に猫がいなかった時期は、ほとんどない。犬でもいいが、猫のほうが手間がかからない。忙しい飼い主に向いている。

いまはスコティッシュ・フォールド3歳、7キロのマルがいる。マルの前は、白い日本猫のチロだった。18年生きて、4年前の元日に死んだ。命日が覚えやすい。

猫かわいがり、猫なで声というくらいで、猫の好きな人の猫に対するふるまいは尋常ではない。むやみにかわいがろうとする。傍《はた》から見ると、かなり変である。それに対して、猫もいやがらずにちゃんと付き合ってくれるから、それができるのだと思う。

高校生の頃、猿を飼っていたこともある。同時に仔《こ》猫を飼ったら、猿は猫がすっかり気に入ってしまったらしい。仔猫がそばにいると、すぐに抱こうとする。抱き方が容赦ないので、猫が逃げようとするのだが、頑張って抱いている。猿の時代から、人間は猫好きなのかもしれない。

私とマルの関係は簡単で、私は「餌出し器」である。腹がすくとそばに寄ってくる。すいてなければ、知らん顔。いちばん困るのは、明け方に腹がすいて、起こしに来ることである。起きないで頑張ると、ベッドの枕元にある棚の上に乗る。時計を落とす、テレビのリモコンを落とす、そのうちテレビがついちゃったりする。これでは起きないわけにいかない。

最近はまず一鳴きして、次にベッドに乗る。顔を近づけて、私の顔をなめる。楽な起こし方を覚えてしまったのである。

動物をきちんとしつける人は偉い。私はまったくダメ。だから自分の子どももしつけ損なった。犬も飼わない。

以前コスタリカに行って、馬にははじめて乗った。そうしたら、たちまち馬が道草を食いだした。それまではちゃんと頭を上げて馬らしく立っていたのに、私が乗ったとたんに頭を下げて「道草を食う」のである。

なんとか動き出して牧場の近くに行ったら、3頭の馬が走ってきた。その仲間に入ろうと思ったらしく、私の馬は斜面を駆け上がった。幸い柵があったので、仲間に合流できなかった。私の行きたいほうなんか、一切気にしていないのである。背中に荷物でも乗っけているつもりだったのであろう。

要するに私は動物にバカにされる。いてもいなくても同じ。腹がすいたら便利な餌出し器を使えばいい。マルはそう思っているに違いない。

くれるなら早くちょーだいヨー。

そっ、そっち？（汗）

オーイ、そこのあんた、ミルクまだ？

そうそう、
そこ置いて♡

ごちそうさま。

こっ、これはもしや……マヨネーズ!!

イイ？ よね？

わらじ職人のまるといやあ、あっしのこってすが、
何かあったんですかい、旦那？

大人になるってどーゆうこと？

み、みちゃったわ!!

② どーせ。どーせね!!　ペロペロ

③ うっ…（涙）

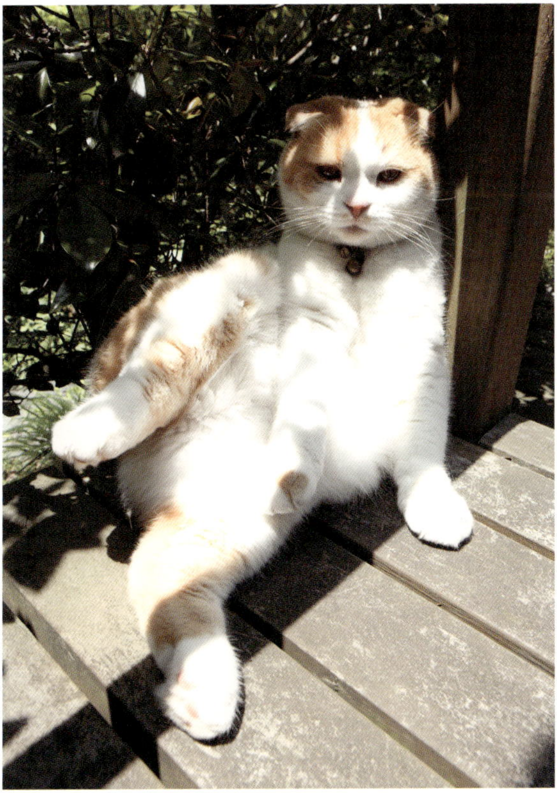

① どーせ、あたいは日陰の女。
（あなたはオス）

「家に帰るとまるを探す」

　昆虫好き、動物好きで知られる養老先生のお宅は、豊かな緑に包まれた静かな環境の中にある。まるは、いつも縁側でのんびり昼寝を楽しんでいるそうだ。

「縁側は、まるの一番好きな場所だよ。冬は西日が当たるから暖かいしね。一日中ここにやってくる虫や鳥を眺めている。世の中を眺めているのかもしれないね」

　日本猫しか飼ったことがなかった養老家に、初めてやってきた洋猫がまるだ。

「洋猫は、ばかというか、鈍いね。日本猫のほうが感受性が鋭い。まるは、しっぽを踏んでも痛がらないし、ギャーッとも言わない。でも、その鈍さが貴重だね。自分に害がないと思えば、無関心だし」と先生は目を細める。

「もちろん動物だから神経質なところもある。それがなかったら大変だよ。たまにびっくりすると跳ねることもある。せいぜい身長くらいだけど」

　まるがいてくれるおかげで、気が休まるという。

「まるは大らかな性格で、どっしりと構えている。ひと言で言えば、『怠惰』な猫なんです。エネルギーを使わず、いつもドテーッと寝っ転がっている。だからこそ姿が見えないと寂しくなる。仕事でどんなにいらいらすることがあっても、まるがいると心が落ち着く。僕にとって完全に『癒し系』だね、まるは。家に帰ると、まずまるを探します」

← 全部足すと、ボク まぁくんです。
(瞳はダイヤモンド)

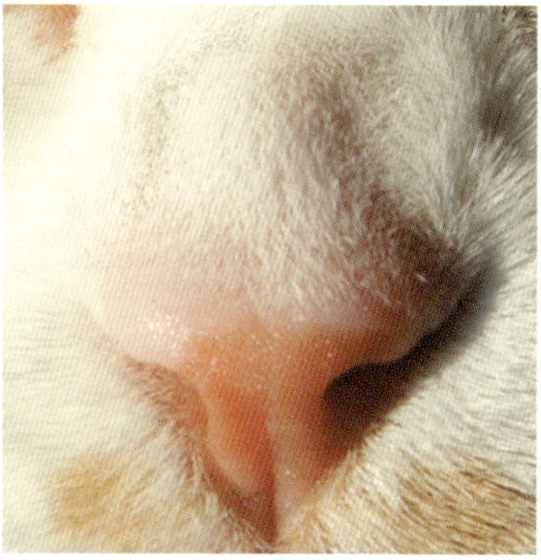

ハナです。

ミミです。

ミケンです。

ニクキューです。

「人間こそが外来生物」

「動物はいい。僕からすれば、動物と生活を共有するのが当たり前のことだと思うんだよね」

幼い頃から動物に囲まれて育ったという養老先生。研究所には、虫や鳥のほかにも、トカゲやモグラ、リスがやってくるという。

「環境省が『外来生物法』という法律を作り、生態系に被害を及ぼす特定外来生物のリストを出したんだけど、これには大きな問題があってね。一番肝心なものが抜けている。それは、『人間』。人間は外来生物で、地球の歴史の中では、つい最近入ってきたんだ。それなのに、この法律も人間が作っているから、『てめえは別』だと思ってるんだ」

インドやブータンに虫取りに行くなど、家を空けることが多い先生にとっては、世話のかからない猫との生活がいいそうだ。

「犬も昔飼ったことがあるんだけど、散歩をする時間があまりないし、もし飼ったらかわいそうだよね。つないで飼わないといけないし。つなぐのは大嫌いなんです。その点、猫は飼いやすい。特にまるは行動パターンが決まっているから、楽でいい。犬はしつけられるけど、猫は難しい。僕はまるをしつけていません」

ボク、養老まるです。

盆おどりじゃありません。

階段の途中だけど…

何段あんのよ全く。
（疲れた）

何っ!!

あ〜〜〜

だから、何だっけ。

えーっと、何だっけ……。
何で階段の下にいるんだっけ。

クロ〜〜〜ス!!（変な顔）

ど、どこからが上半身ですか？
足長いね、けっこう…

「まるが家にやってきた」

　まるが養老家にやってきた経緯を、娘の暁花《あきか》さんに伺ってみた。

「両親は忙しくて家にいないことが多く、前にいたチロが死んでからは、いつかまた猫を飼いたいと思ってたんです。私も父も動物好きだけど、母はそうじゃない。だから、母が海外旅行で長期留守にしたときを狙い、既成事実を作ったんです」

　母親に文句を言わせないためには、おとなしくて可愛い子がいい。調べてみると、スコティッシュ・フォールドという種が穏やかな性格であるうえ愛くるしく、とても扱いやすいことがわかった。

「あるブリーダーさんのサイトを見たとき、一匹の子猫の写真が目に留まったんです。ぱっちりした目でカメラを見据え、『何か？』とでも言いたげな表情をしていて。それがまぁくん（まるのこと）だったんですけど、その丸い目が大好きになって」

　一目惚れした暁花さんは、さっそく新幹線に乗って奈良まで会いに行った。

「行ってみると、まぁくん以外の子猫は、元気に遊んでいるか片隅でじっとしているかで。『写真の子は？』と尋ねたら、『そこのケージ（かご）で寝てます』と言われて。のれんみたいな布がかぶせてあったんですけど、そっとはいでみたら、視線が合って。『誰？』とでも言いたげなまぁくんに、思わず『すいません……』と謝って、布を元に戻しながら、この子に決定！　こいつなら天下を取れる、とそのとき思ったんです」

　後日、東京駅でまるを引き渡してもらうときに、ブリーダーさんが言ったそうだ。

「『アクシデントがありまして』って。思わず『えっ、病気ですか？』と聞き返すと、『いえ、契約から引き渡しまでの間に、想像を絶する早さで成長してしまって……』って（笑）。確かに、想像を絶するサイズになってたんです」

　それでもまるは、ロンドンに出張中だった先生はもちろん、帰国したお母さんにも、無事気に入られたそうだ。

まるの日課

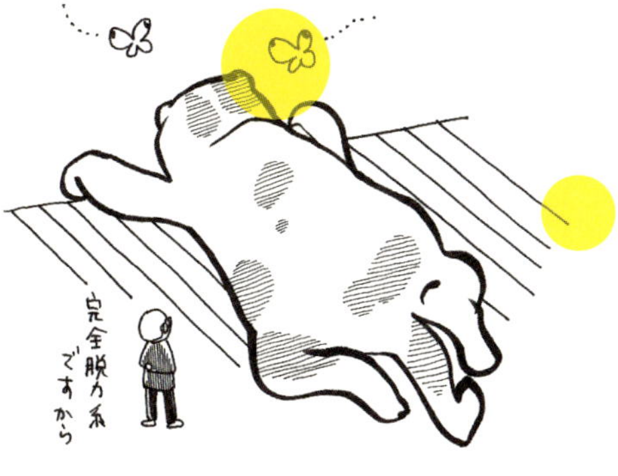

おいしーよ ♡
早く
くれろ

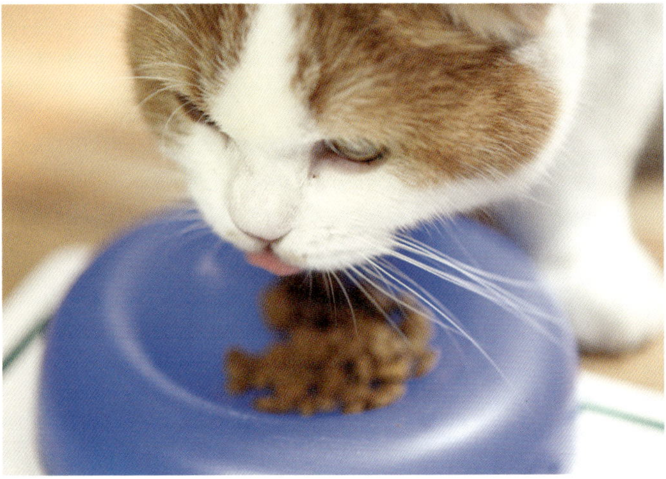

たまらん、たまらん

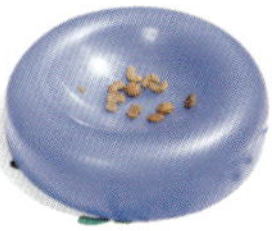

必ずちょっと残す

母上様…
（想像）

冬のリヴィエラか…
（ここは鎌倉）

考え事は
この場所に限るネ

ビクトリー！

ウーン、ちがうか。

あ、どうも。
今日もゴクロウさんね。

ボク、お庭の一部です

こんなトコも

家政婦は見た

ここからも見た

今、ウサギ鳴いた!?

秋の尻コレクション

尻！

尻！

「頑固なまる」

一日のうち寝ている時間が圧倒的に長いまる。虫取りにも興味がなく、蜂や蝶が飛んできてもちらっと目をやるだけ。そんなまるが、珍しくヘビを捕まえたことがあったという。

「まるは、自分の手の届く範囲でしか獲物を捕らない。だから、たまたまいた場所にその動物が通りかかったんでしょう」

先代の雌猫チロは、なかなかのハンターだった。

「木によく登っては鳥を捕っていた。寺の本堂の屋根から下りられなくなったり、裏山に登って帰れなくなったこともあった。ニャーニャー鳴くのが聞こえるから、しかたなく懐中電灯を持って迎えにいってやったのに、逃げやがるんだ」

朝起きると、獲物のモグラが家の中で走り回っていたこともあったという。

「まるはそういうことは絶対にしない。木にも登らない。こんなにたるんだ猫は初めてだ」

まるは、先生がパソコンで仕事をしていると、必ず書斎に遊びにいく。

「膝の上に乗せてやると、マウスを動かしている手に首だけ乗せるんだ。手が重くてしょうがないし、動かせなくなる。そういう独特の姿勢をとる。猫にはみんなそういう個性があって、同じ行動をとろうとする。まるもその点同じで、ものすごく頑固だね」

まるが先生の膝にのったら最後、仕事は「おしまい」ということになる。

まるのお気に入り

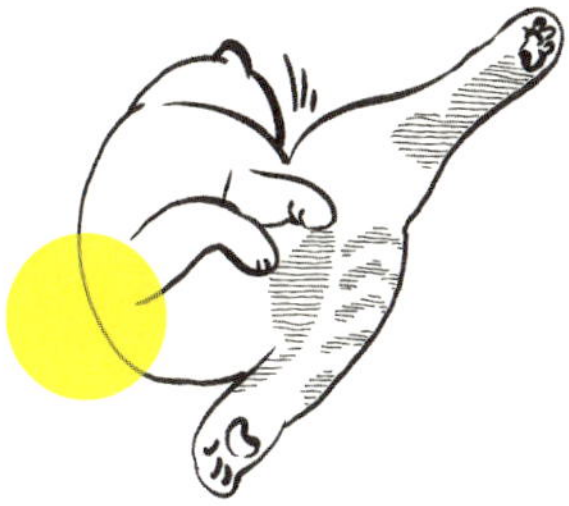

③ だってさ、おいし…

④ 違った…

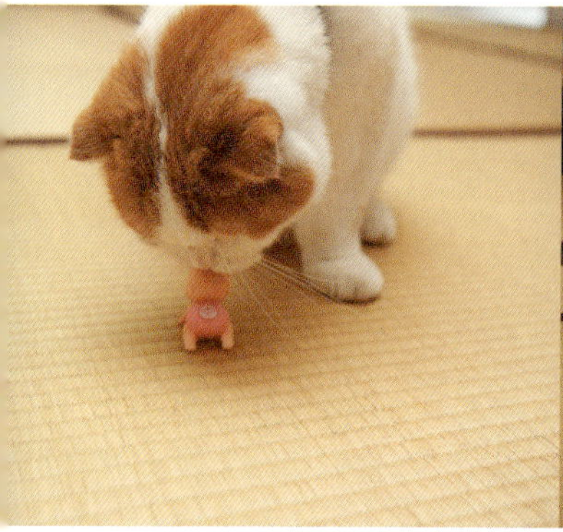

③ あ、ヨイショ

ちゃんと

④ そこのあんた、見えた？

① かたいなー

② ところでコレ食べられるの？

① あいよー

② ホレホレ

② いかないで！

③ いっちゃった…

① 抱いて！

さてと

そろそろ

行って来ます。

そ〜〜〜っ。

百合根が２つ

見てたのネ

お！　箱ダナ…

フムフム

なかなかいいじゃない

フゥー　おちつきます

クェー、ココ、ココかいーのよ

キモチイー

イヤー、今日はチカレター

ヒャー、たまらんね

愛の4コマまるが 1

さく・え/どらしまひろみ

最適解

オトーさんはパソコンゲームが
大好き
ピコピコ
ピコピコ
右、右
なるほど右か!
ピコピコピコ
ピコピコピコ
ピローン
うーん
こうか…
ピコピコピコ
ピコピコピコ
カクカクカク
最短ルート発見
軍師ごくろう
まるは営業部長である
だけじゃないよね…?

まる恋慕

何も考えてない
ワケではニャイ
想いをはせる
コトだってあるさ
ああ
マヨネーズ。。。
ついついあげちゃうのよね

まる部長のお仕事

今日はボクが…

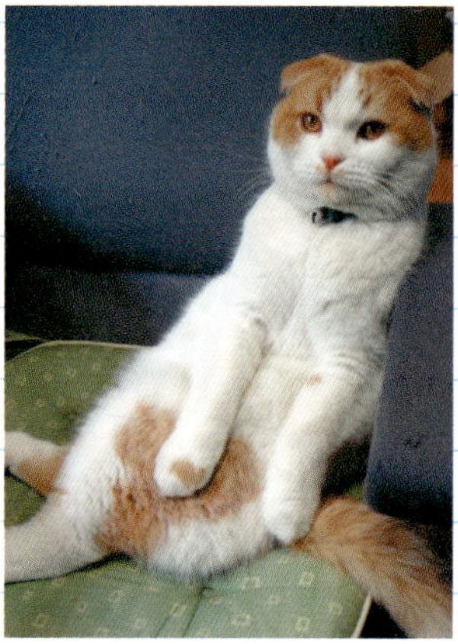

秘書しましょう。
（体勢ヘンだよ!?）

お手伝い、お手伝い

フ〜〜〜ッ =3 つかれた。。。

先生、ゲームばっかりやってないで仕事してください。

ねえ、ねえ、仕事もいいけど

ムシしないでねぇ〜〜〜。

③ フムフム。

④ じゃ、ダメね。これでおわりー。

①

えー、今日は
来月のスケジュールについて
話し合いましょう。

② もう、先生のスケジュールはいっぱいです。

みんな！

集まってください。

ミーティングを始めます。

何ってあなた、勤務中ですよ。

先生は今頃ムシ採りか……。

困った存在 仕事の邪魔

養老孟司

猫の困った性質のもう一つは、仕事の邪魔を好んですることである。

私の書斎には大きな机がある。上に書類を広げていると、マルがやってきて、いちばん必要な書類の上に乗る。乗るだけならともかく、次にゴロンとかならず寝そべる。書類は下敷き、動かせない。

パソコンに向かって仕事をしていると、キーボードの上を歩く。余計な文字が入力されて、突然「t」の字が百も並んでしまったりする。

家内が机に向かっていても同じ。秘書さんが働いていても同じである。外国の作家が猫がタイプライターに乗って困ると書いていたから、猫の一般的性質であるらしい。誰かが注目している場所に、わざわざ入ってくる。

以前飼っていたチロは、テレビや雑誌の取材が自宅であると、いつの間にか全員の中央に座っていた。だから写真を撮ろうとすると、チロが中央に写ってしまう。猫はかなりの出たがり屋である。

マルは7キロあるから、膝《ひざ》に乗せるのが容易ではない。マルも居心地が悪いらしく、あまり膝には乗らない。その代わり机に乗るから困る。たまに膝に乗せると、今度はパソコンを打っている右手の上に頭と手を乗せる癖がある。重たくて右手が動かない。要するに仕事をするな、自分をかまえ、といっているらしいのである。

そこで怒り出さないのが、猫好きの特徴であろう。仕事を邪魔されているのに、よく懐いてかわいらしい、などと思っている。

仕事の邪魔といえば、猫の存在自体が、間違いなく仕事の邪魔である。マルが来てからというもの、仕草《しぐさ》を見ているだけで、働く気が失《う》せる。編集者は原稿を怠ける言い訳だと思っているが、実際に働く意欲が減退する。だって猫は一日中、食べるか寝るか遊ぶかだから、働く時間なんかない。そういう動物がそばにいると、どうしたって働きたくなくなるではないか。なんで俺《おれ》だけが働かにゃ、ならんのか。

家では猿や犬や猫、大学ではネズミやウサギやトガリネズミ、さまざまな動物を飼ったが、動物はいい。気持ちが休まる。

なによりいいのは、人間世界の価値観が通用しないことである。儲《もう》かった、損した、出世した、仕事に失敗した。そういうことは、猫には無関係。この世の損得、吉凶を忘れるのは、動物を相手にしているときである。

温暖化問題、これから大変だと猫にいっても、まったく聞いていない。たまには猫になろうか。そう思って気持ちが落ち着くのである。

② 先生）ま、そう怒りなさんな。

① まる）ったく！　目をはなすと、ムスメはすぐサボるよな！
先生）……。

フー。今日もいい仕事しちゃったナ♪

尻！

ホレ、尻だぞ。

先生）これでいいですか？
まる）ヘッ？

まる）ココ！ ココ大事！

スケジュールと大根足

あ〜〜〜　忙しい、忙しい！

エッ!?

部長!!

ニョーッ!!（全員作業中）

ウフッ♡（全員作業中）

ボク、カワイイでしょう（全員作業中）

メリークリスマスツリー

カワイイ顔しておっぴろげ

愛し合う一人と一匹

愛の4コマまるが 2

さく・え／どらしまひろみ

シャッターチャンスと排出量

グラビア撮影の夢を見た

まる学

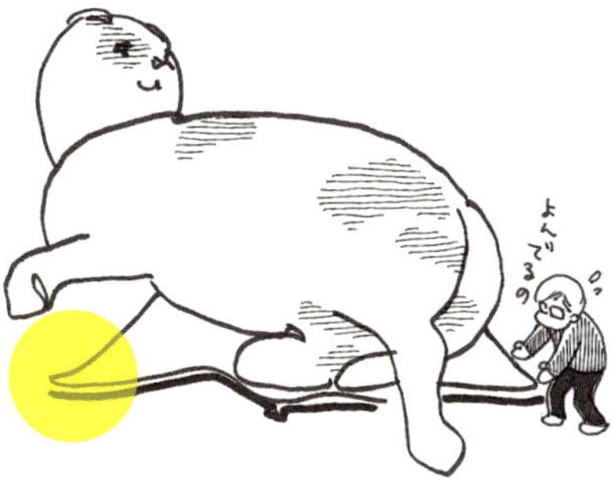

骨格を学ぶ

スコティッシュ・フォールドの歴史

丸い顔に大きな丸い目、脚が太くてしっかりとした体型のまるは、「スコティッシュ・フォールド（Scottish Fold）」という品種の猫だ。その最大の特徴は、前に折れ曲がった（fold）小さな耳にある。

1961年にスコットランドのある農場で、突然変異として生まれたメス猫のスージー（Susie）が、「折れ耳」のルーツだ。

この折れ耳という新しい品種の猫を確立するため、スージーが生んだ子猫とブリティッシュ・ショートヘアを交配させたことをきっかけに繁殖プログラムが始まった。その結果、この珍しい品種は、多くの猫の愛好家の心を捕らえることになった。

その後、スコティッシュ・フォールドの前足や後ろ足の骨に異常が見られるようになる。この骨の異常は折れ耳の猫と密接に関わっていることから、骨の成長に関して、スコティッシュ・フォールド特有の遺伝的な問題があるのではないかと考えられている。病名は確立されていないが、「骨軟骨異形成症候群」などと呼ばれている。

まるの姿勢

まるの座る姿勢は、普通の猫と違う。テディベアのような独特の座り方をしたり、不思議な体勢で寝そべることもある。その理由について、養老先生に伺ってみた。

「まるの座り姿は、クニャッと柔らかく、普通ではあり得ない姿勢です。人間でいうと『先天性股関節脱臼』。股関節がずれたり、はずれたりする病気で、おそらく関節を形成している軟骨同士がうまくかみ合ってないんでしょう。だから、ひっくり返ったりするとはずれやすいんです。筋肉が緊張するとああいう形はとれないから、筋肉も柔らかいんでしょう」

不思議な仕草や姿勢で、周りの者をなごませてくれるまる。それには、こんな理由があったのだ。

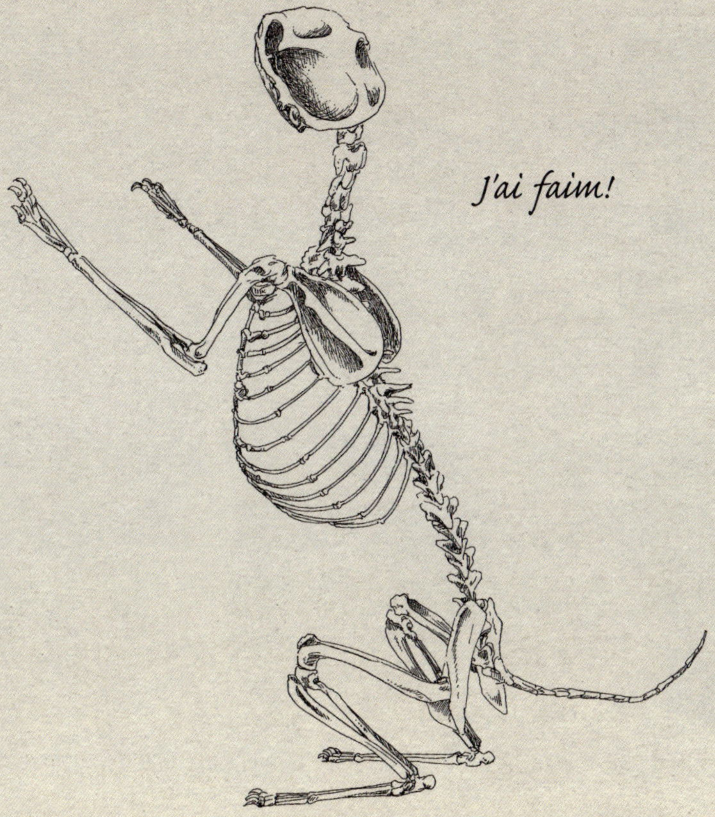

フランス語で「おなかがすいた！」の意。

体型を学ぶ

マル・ウォーク

人間の先天性股関節脱臼は、放っておくと歩行障害を起こしてしまう。しかし猫（動物）の場合、程度によっては筋肉がカバーしてくれるので、普通に歩ける。まるを引き取る際に、暁花さんはブリーダーから「スコティッシュ・フォールドは将来関節に障害が出る場合があるので、気をつけてください」と言われたそうだ。日本猫のチロと違い、まるは高いところに登るのが不得意だという。これは「骨軟骨異形成症候群」が関与しているのかもしれない。

「まるは、歩くのは普通だが、ドテドテとひどい歩き方をする。普通の猫のように足音を立てずにしなやかに歩くことができず、バランスの悪い、ぎくしゃくした歩き方しかできない」と先生。

まるの歩き方は、マリリン・モンローが考案したという、左右の靴の高さを変えて歩くセクシーな「モンロー・ウォーク」に似ている。いや、まるだから、「マル・ウォーク」か。

猫のしっぽ

基本的に、洋猫のしっぽは長いが、日本猫のしっぽは短いそうだ。

「日本猫のしっぽが短いのは、尾骨が複雑に曲がっているからです。人間にもしっぽの骨があり、それは短くて、前に向かって曲がっている。背骨は脊椎動物の基本ですが、しっぽは先のほうだから、多少変わっても生きていくのに不自由はない。猫のしっぽは、高いところに登り下りしたり、はねたりと、上手にバランスをとるためにある。だから、長くてまっすぐなしっぽがあることは、動物（特に野生の）にとっては大事なこと」と先生は説明する。

「敏速に動かなくてはいけない、生死を分けるような状況のとき、しっぽが短いと不利になる。日本猫のようにしっぽが短いのは、退化してるからです。これは遺伝的なものだけどね」

On y va!

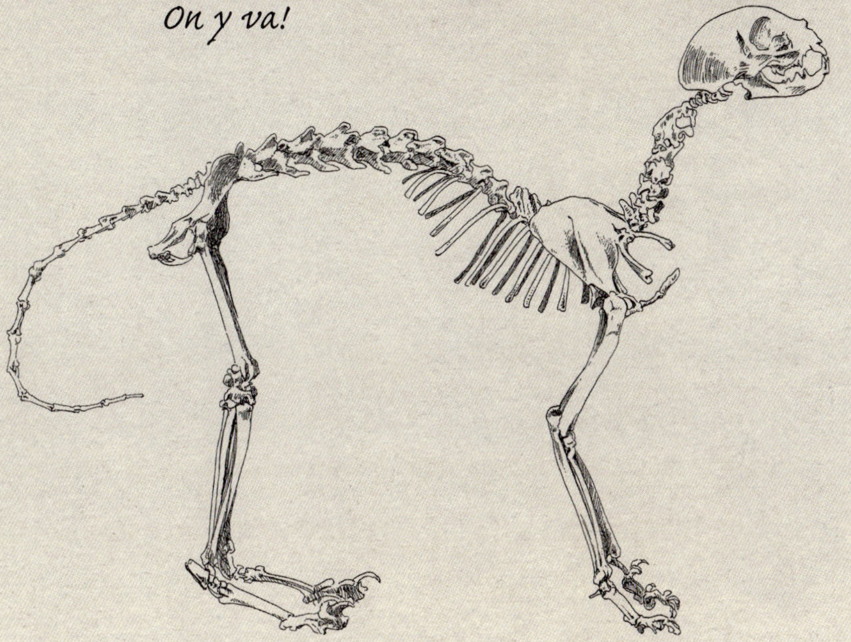

「さあ行こう！」

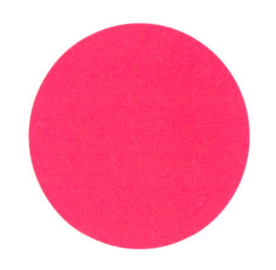

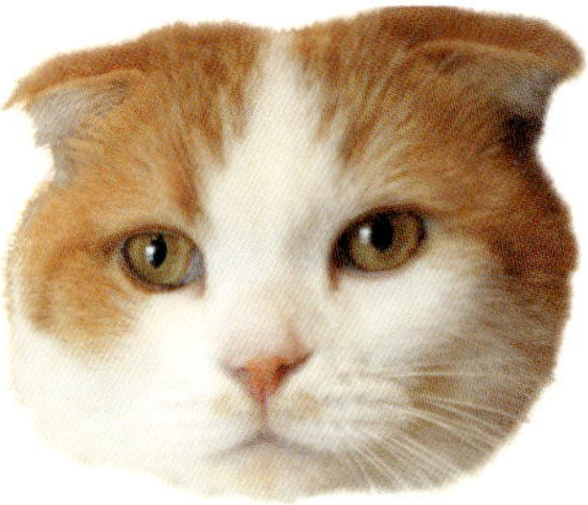

まぁる

（基本の丸顔）

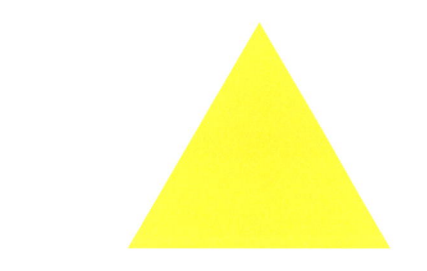

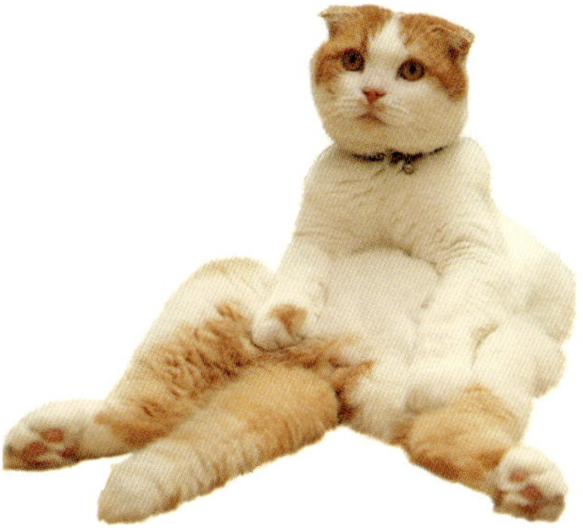

しゃんかく

（基本のポーズ）

あっ ソレ しかく

（踊る）

腹筋大事

まるムービー

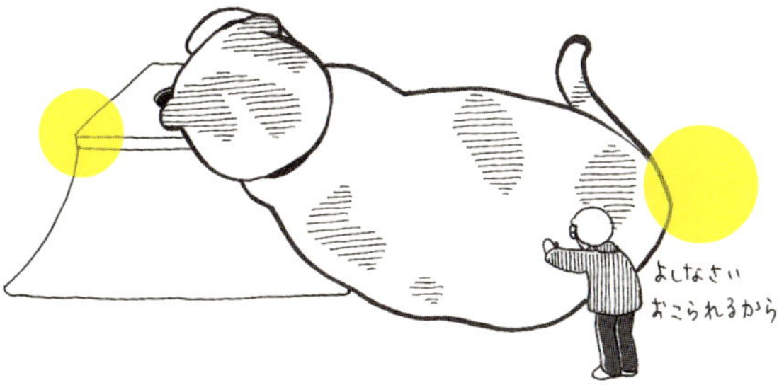

映っちゃってるよ
素の顔が…

ちがーう
アレ
ボクじゃナーイ

ちがーう

もういいや…

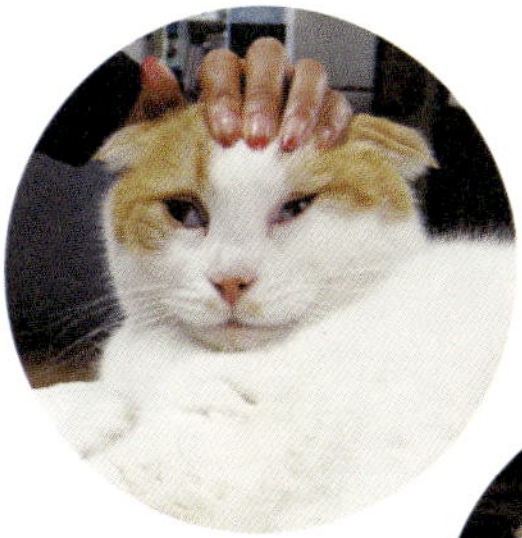

あ～がり目

さ～がり目

ぐるっとまわって

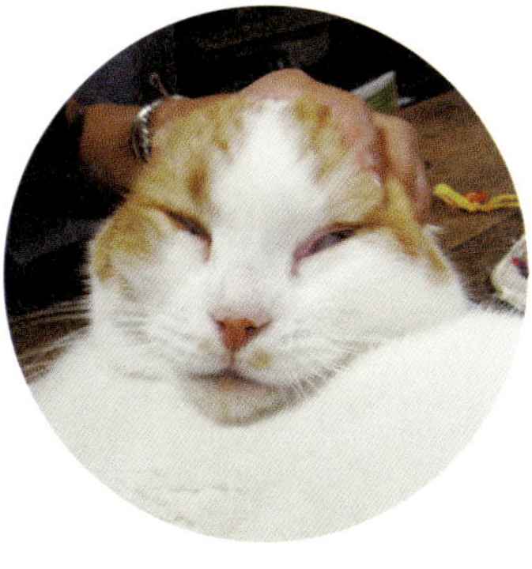

まるにゃんこの目
指名手配中

たまには

すっぽり

おさまります。

それにしても

大〜〜〜きな

ネコパンチ!!　ですなあ。
（顔 うもれとるやんけ…）

窓をあければー

恍惚《こうこつ》のブルース

はむっ!?

はむはむはむぅー

となりは

何を

する人ぞ…

めんどくさいから
バリバリー

ねぶい

フー

ウンウン

死亡…？

日本人は和室でしょう
（あなたはスコティッシュ）

茶室のため、普段は徹底的に
追い出される二人。ささやかな抵抗です。

「動物との上手な付き合い方」

「動物と一緒に暮らすのに一番大事なのは、相手を『受け容れる』ってこと。相手の自主性を認めることです。動物に対して怒ってもしょうがない。こっちがなんで怒っているかわからないんだから。猫は猫、犬は犬の本性を認めることです」

動物の本性とは何か。先生は動物に対して無抵抗だし、緊張もしないという。

「彼らには、緊張している人は匂いでわかるんです。怖がっている人間は『あっちに行け』っていう匂いを出している。それなのに、自分ではそのことに気がついていない」

緊張をしているという匂いを出さない先生に対して、動物は警戒心を持たないようだ。

「満員電車で友達ができた人は一人もいないでしょう。なぜなら、満員電車では全員が『あっちに行け』というサインを出しているから。『限界逃走距離』というんだけれども、敵から逃げられる距離の内側に他の個体が来たら、動物は攻撃的な行動に出る。逆に、熊もそうだけど、ある一定の距離を保てば、こちらに積極的に関心を持たない。その距離内に出現するから問題が起きる」

動物には、自分を愛してくれる人がわかるという。自分のあるがままの姿を受け容れてくれるからこそ、まるも心置きなく先生を朝早く起こし、餌をせがむことができるのだろう。

ヨッソレ！ 長〜〜〜いまる。

起きた？

いーや。

アレ!? 肩脱臼したかな？

すみませ〜〜ん

そろそろ資料を…

あっ!?
（出ちゃってますよ…）

ぐっすり…です。

ね〜！

あ、首 おっことした

愛につつまれるボク

「まるの謎」

大の字になって寝ているまるを見ながら、暁花さんにまるの「猫となり」について尋ねた。

「ひと言で言うと、『愚鈍』ですね。でも、実は意外に賢いかもしれない。余計な動きが少ないぶん、物事をよく観察しているみたいです。でも、いつも最大限の省エネモードでアイドリングしているから、エネルギーを蓄えすぎて、ますます大きくなっていくようです」

猫の方程式に当てはまらない、常識破りの行動をとっているそう。

「食に対する興味が薄いみたいで、魚も食べないし、つまみ食いも一切しないし」

なぜ体だけが大きくなっていくのか、ずっと謎だそうだ。

「まるの体内時計はくるっていて、自分が起きたらそれが朝。朝の4時半ごろになると父を起こす。意識朦朧状態の父からごはんをもらうと、速攻で外に出る！」

まるには、お気に入りの排便場所があるという。

「それが、母の車の真ん前なんです。まるは難便タイプで、踏ん張らないと出ないらしく……。母の車のバンパーがジャストの位置みたいで、バンパーに手をついて踏ん張っているのを目撃したことがあるんです」

さすがはまるだ。その後は昼まで大好きな縁側でひたすら寝ている。冷房嫌いのまるは、たばこのにおいもダメ。暑くても、家の外で過ごすのが好きらしい。

夕方5時くらいになると、家に戻ってくる。

「普通の猫と違うところがもうひとつ。絶対一緒に寝ようとしないんです。ふとんの中に絶対入ってこようとしない。寒い真冬でもそうなんですよ」

夜9時にはひとりで眠りにつくという。家の誰よりも早く寝て、誰よりも早く起きる。ライオンなど猫科の動物は通常夜行性で、夜狩りをし、昼は休むという。

まるはなぜ「早寝早起き早ごはん」で、おまけに「昼も休んでいる」のか。謎は深まるばかりだ。

オトーサンとまる

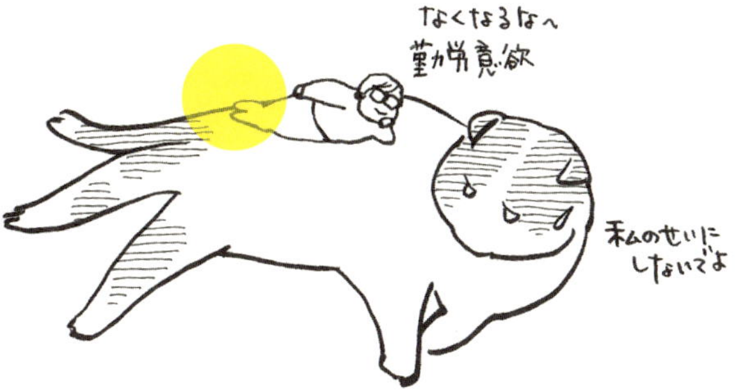
なくなるなへ
勤労意欲
私のせいに
しないでよ

寿命の長さ競争である

養老孟司

1週間ほど家を空けて、久しぶりに帰宅した。案の定、朝の4時になったら、マルが起こしに来た。餌を与えて、私はまた就寝。

起こされるのがイヤだから、わざわざ前日の夜遅くに餌をやっておく。それでも起こす。どうも私を起こすのが日課になっているらしい。私が「いる」ことを、マルなりに確認しているのかもしれない。

ペットフードを与えているが、じつはそれしか食べない。普通のネコが好きなものをあまり食べない。魚はアジくらいならちょっと口をつけるが、あまり好きではないらしい。

その点では性格がよくて、ネコによくある盗み食いをしない。食事中にテーブルに上がったりもするが、皿の上の食べものに手を出すことはしない。いや、手は出すが、食べることはない。ジャレるようにちょっと手を出して、なにか食べものらしいが、俺《おれ》にもくれ、と主張する。

おかしなことにマヨネーズは好きなので、家内はもっぱらマヨネーズで甘やかしている。それを見て、娘がネコの健康に悪い、と文句をいう。サジに載せて出すと、ペロペロなめる。ともあれ必ず一サジだけにしておく。

ネコの嗜好《しこう》はわからない。死んだチロは、けっこう何でも食べた。カボチャの煮たの、水につけてある乾《ほ》しシイタケ。そんなもの、ネコが食べると思いますか。羊羹《ようかん》も食べたが、面白いことに虎屋の羊羹しか食べない。

死んだ私の母は、晩年シャムネコを飼っていた。開業医だったから、自分で料理なんかしたことがない人で、自分で作るものといえば、ソバガキだけだった。あんなもの、お湯と蕎麦粉《そばこ》があれば、私だって作れる。

その母の自慢は、自分のシャムネコは、自分の煮たアジ、さもなければキャットフードしか食べないということだった。でもある日、隣のオバさんが来た。母親がネコの食事の自慢をすると、そのオバさんが言った。「エッ、でもこのネコ、うちではネコまんま、食べてますよ」。シャムのくせに、隣の家ではカツオブシのご飯をご馳走《ちそう》になっていたらしい。

ネコは場所によって食べ物を変えるのかもしれない。人間はもちろんだが、動物の習性を即断してはいけない。生きものなら、たとえ虫だって、やることはなかなか複雑なのである。

とりあえずマルの寿命と私の寿命とどっちが長いか、競争である。母のシャムネコは、母の死の3か月前に死んだ。ネコが死んだから、私もそろそろ、と95歳の母がいっていたのを思い出す。

愛が重いときもある

みつめあ〜う ♪

のびる、
のびーる

たまには
まじめな顔します

皇室アルバム…？

刊行によせて。コホン。

ハーイどうも、まあくんです。ボクの写真集、買っていただいてありがとうございます。ボクはね、研究所の営業部長やってます。ボクの仕事？　よくわかんないけど、座って外敵の侵入を監視（止めはしない）したり、寝っ転がって温暖化に伴う気温の変化を肌（夢）で感じたりってけっこう忙しいんだけど、そんなんしてるとどういうわけか周りの人が喜んでくれます。オトーサンなんて、ホラ、ナントカの犬っていうんですか、条件反射でね、ボク見ると倒れちゃうの。何、病気？　とか思って見てみると、笑ってるわけ。ウチにくるお客さんも、ニコニコしてくれるの。たまにお土産くれたりして。フフフ。それからね、みんなが真剣な顔してウーンってなってるときにでていって、「まあまあ」っていうの。ま、周りが猫語を解さないから、体で表現するんだけどね。デーンとしてニャーンです。それからね、ご飯を食べます。几帳面っていうんですか、一日三回。きっちりしてます（排泄もしかり）。コレ大事。こんな風にね、したいことして日々暮らしていたら、「癒し系」とか「エコ猫・省エネ猫」とかいわれるようになりまして、今回の写真集出版にいたるわけです。もぉーね、びっくり（寝たままだけど）。本が売れたらね、夢はでっかく世界平和です。ボクの脱力爆弾で。カッカしないで、ぼよーんとしたらいいと思います。

で、エコってなんですか？

養老・ディアホープ・まる　代筆・養老暁花

あとがき

三日ぶりに家に戻ってきたら、玄関に寝ていたマルがギャアギャア鳴いて挨拶した。どうせ餌を呉《く》れ、だろうと思ったが、食べたばかりだという。それでもついて歩くので、マヨネーズをサジに半分、あげた。食べ終わったら、ものすごい勢いでダッと走って、玄関から出て行った。どこに行ったか、知らない。

ネコのいる生活なんて、そんなものである。ウルサイから、なにかしてやると、さっさと出て行ってしまう。そのくせ、夜一人で仕事をしていると、マルがやってきて相手をしろという。放っておくと、机に乗って、パソコンを踏んづけて、画面があっという間に ttttttttt になってしまう。仕方がないから膝に乗せると、大きすぎてうまく乗らない。余った頭を、マウスを持っている私の手に乗せる。仕事にならないじゃないか。

幼少時の孟司少年

本人はそのつもりはないだろうが、仕草がなんだか面白いネコなので、写真集ができてしまった。読売新聞の夕刊に写真が載ったのがいけなかった。あんがい有名ネコになってしまった。安藤忠雄さんと、関川夏央さんから、大したネコだと、お褒めの言葉をいただいた。

どこが立派なんだよ。本人はそういう顔で、相変わらず寝ている。

養老孟司

有限会社養老研究所

養老孟司（ようろう・たけし）

1937年神奈川県生まれ。解剖学者。東京大学名誉教授。
趣味は昆虫採集。漫画やゲーム愛好家としても有名。

養老暁花（ようろう・あきか）

19XX年10月生まれ。解剖学者でも東京大学名誉教授でもありません。
まるの飼い主にして部下。

養老研究所スタッフ

山口玲子
藤野裕美子

撮影

尾関真紀
読売新聞社提供（p.1）
岩田麻美子（p.18, p.111）
山本和子（p.7, p.36上, p.38, p.39左）
有限会社養老研究所
（p.3, p.6, p.12, p.14, p.15左上, p.15下, p.21, p.30上, p.33下, p.34下, p.36右下, p.39右上下, p.48, p.54-61, p.70-73, p.84-87, p.95-97, p.103, p.110）
有限会社MEGIN（p.22-23, p.42下, p.43下, p.88-89, p.106下）

まるのカット＆４コマ漫画

どらしまひろみ

猫の骨格イラスト

つやさとみん（p.77, p.79）

企画・編集

大嶋峰子（MEGIN）

出版プロデュース

河野恵子（ソニー・マガジンズ）

初出（p.2, p.62, p.102）

読売新聞（交遊録　2008年3月6、13、27日掲載）

編集協力

村田聡一郎（ハッピー動物病院　院長）
村田康枝（ハッピー動物病院　獣医師）

撮影協力

キヤノンマーケティングジャパン株式会社
http://canon.jp/
養老研究所撮影分の多くは、キヤノンのコンパクトデジタルカメラ『IXY DIGITAL 25 IS』で撮影しています。

参考文献

『ブルース・フォーグル博士のわかりやすい「猫学」—猫をきちんと理解するための本』
ブルース・フォーグル著／浅利昌男監訳（インターズー）

『猫の教科書』
高野八重子、高野賢治著（ペットライフ社／緑書房）

季刊『SAC（Small Animal Clinic）』NO.132
（共立製薬株式会社・総合企画室）

養老孟司先生《ようろうたけしせんせい》と猫《ねこ》の営業部長《えいぎょうぶちょう》

うちのまる

2008年11月28日　初版第1刷発行
2009年 2 月 2 日　　　第2刷発行

著　者　有限会社養老研究所《ゆうげんがいしゃようろうけんきゅうじょ》
発行人　村田　茂
発行所　株式会社ソニー・マガジンズ
〒102-8679　東京都千代田区五番町5-1
電話 03-3234-5811（営業）
03-3234-7375（お客様相談係）
http://www.sonymagazines.jp
印刷所　中央精版印刷株式会社

ISBN978-4-7897-3334-2